· 权威日本语能力测试考前辅导用书 ·

日本语能力测试

3级真题解析

2007

日本国际交流基金会　著
日本国际教育支援协会
曹秀梅　编

大连出版社
DALIAN PUBLISHING HOUSE

ⓒ日本国际交流基金会　日本国际教育支援协会　曹秀梅　2008

图书在版编目(CIP)数据

2007 日本语能力测试 3 级真题解析/日本国际交流基金会,日本国际教育支援协会著;曹秀梅编. —大连:大连出版社,2008.9

ISBN 978-7-80684-658-2

Ⅰ.2…　Ⅱ.①日…　②日…　③曹…　Ⅲ.日语—水平考试—解题　Ⅳ.H369.6

中国版本图书馆 CIP 数据核字(2008)第 079036 号

责任编辑:李　岩　陶　颖
封面设计:林　洋
版式设计:金东秀
责任校对:王晓亮

出版发行者:大连出版社
　　　　地址:大连市西岗区长白街 10 号
　　　　邮编:116011
　　　　电话:0411-83624487　0411-83620941
　　　　传真:0411-83610391
　　　　http://www.dl-press.com
　　　　E-mail:cbs@dl.gov.cn
印　刷　者:沈阳全成广告印务有限公司
经　销　者:各地新华书店

幅面尺寸:185 mm×260 mm 1/16
印　　张:7
字　　数:140 千字
出版时间:2008 年 9 月第 1 版
印刷时间:2008 年 9 月第 1 次印刷
印　　数:1~5 000 册
书　　号:ISBN 978-7-80684-658-2
定　　价:20.00 元

前 言

　　日本语能力测试(JLPT)由日本国际交流基金及其财团法人日本国际教育交流协会合作协办,是专为母语为非日语的学习者举办的水平考试,于1984年开始实施,现已在世界上30多个国家和地区开考。

　　日本语能力测试分为1级、2级、3级和4级共四个级别。1级最高,4级最低。1级相当于英语六级,2级相当于英语四级。考试内容包括[文字·語彙][聴解][読解·文法]三个部分。具体各个级别的要求如下:

　　1级:掌握较高级语法、单词(2 000字左右)、词汇(10 000个左右),除掌握社会生活中必须日语外,还具备在日本大学进行科学研究的综合日语能力。(学习日语900小时)

　　2级:掌握较高程度的语法、单词(1 000字左右)、词汇(6 000个左右),具备一般性的会话、阅读、写作能力。(学习日语600小时)

　　3级:掌握基本语法、单词(300字左右)、词汇(1 500个左右),掌握日常生活中常用会话,可阅读及书写简单的文章。(学习日语300小时)

　　4级:掌握初级语法、单词(100字左右)、词汇(800左右),会简单会话,可阅读及书写平易、简短的日语文章。(学习日语150小时)

　　如何来判断自己的日语水平以报考合适的等级? 以现在最普遍使用的教材《中日交流标准日本语》为例,《中日交流标准日本语》初级上册,相当于日语的4级,词汇量在800左右;《中日交流标准日本语》初级下册,相当于日语的3级,词汇量900左右;《中日交流标准日本语》中级上下册相当于日语的2级,词汇量2 600左右。如果想报考日语4级至少应该学完《中日交流标准日本语》初级上册的语法,掌握至少1 000个单词;报考3级至少应该学完《中日交流标准日本语》初级下册的语法,掌握至少1 800个单词;报考2级至少应该学完《中日交流标准日本语》中级上下两册的语法,掌握至少4 000个单词;1级需要掌握至少20 000个单词。

如何选择报考的等级：一般来讲，没有报考日语4级的必要。因为日语4级所考核的内容都是最简单的日语基础文法和单词。而日语3级和4级的水平相差不大，比较接近，而且从4级很容易就可上升到3级，所以报考4级就不如努努力，直接报考3级。3级与2级的差距比较大，而且一般日企如果对日语要求不是很高的话，2级就可以了，并且现在考研的日语也非常接近2级水平，所以报考日语2级是比较有用的，也是每年报考人数最多的。目前在国内报考日语1级的人目标基本上都比较明确，主要以日语专业的学生为主，另外就是因工作需要必须报考1级的人，总的来讲，报考1级的人也不是特别多。因此每年的日语等级考试，考2级的人基本上都是最多的，3级和1级的人数接近，4级最少。

　　事实上，能力测试的内容不断发生着细微的变化。例如：从2003年开始，考题编排方式与以前有所不同。学习者去做往年能力测试的试题，固然可以起到检验实力、寻找考试感觉的作用。但是，如果从把握3级考试趋势的角度来看，还应该以最新的真题为重点。但是，目前市面上销售的能力测试真题，很少有原版引进并做精确解析的，这也是由于多方面的因素造成的，经日本国际交流基金和日本国际教育支援协会授权，我们组织专家编写了这本专门针对日本语能力测试2007年真题做详尽解析的辅导用书。

　　这本真题的另一个特点就是对每道题目都进行了讲解，即使一些硬性的文字词汇上的内容，也作出了简要的说明。这一点比起市面上的其他真题辅导有很大的进步，尤其是重点、难点的题目和部分说明做得非常详细，学习者感兴趣的问题在这本书里都可以找到答案。相信这本书会成为你考前冲刺的得力助手。最后，我们全体编者祝各位日语学习者考试顺利。

编　者

2008年6月

目　录

日本語能力測試 答題十招

❶ 词汇是拿分重点

在三份考卷之中，[文字·語彙]是最容易抢分的了。因为这部分只需死背单词即可过关，而且对于中国考生来说很多汉字都可以从字面上得知意思，这点已经比用其他语言的人占便宜了，所以考生必须下决心从这里抢得 80 分以至 90 分的高分。

至于多拿分的重点是外来语，因为一般汉字都可以从书中死背，但外来语却是千奇百怪。除了多看杂志、多识几个外来语之外，最实在的方法是在心里将该外来语念一次，看看能不能找到近似读音的英语。

❷ 敬语是日语的关键

对于考生来说，日语最麻烦的地方肯定是敬语了，绝大部分日语学习者，即使已经有相当日语水平的学习者，也往往被这些复杂的敬语系统难倒。而敬语在能力测验中的占分情况是：3 级大约是 10 分左右，而 2、1 级则是 7、8 分左右。由于[読解·文法]部分的分数是乘 2 的，也就是说单是敬语在 3 级之中就占了近 20 分，比率极大。往往差 20 分就可以让考生不及格，所以 3 级的考生一定要在敬语方面下些苦功。而即使是 1 级的考生也不能放松，因为 1 级的合格分数为 280 分，即使少 1 分也是很大的损失。

❸ 用好排除法

从 2 级开始，试题就会出现大量有相似答案的问题，考生往往都会被难倒。较好的方法是先将最不可能的两个答案排除，然后再选较接近的答案。其实用来排除的线索大致有两条：一是判断句型、语法的接续方法；二是判断意思。

❹ 切忌因一道问题阻碍答卷进度

其实这已经是所有考试都需要注意的地方了：一旦碰上一时无法做答的问题，最好的方法就是先别管它！用笔画上记号后，抓紧时间先答其他问题。很多时候当你答完其他问题，回头再看这道问题时，就会发现之前想不清楚的地方，再想就通了。如果是听力题，那就放弃吧！别因为一道题目影响整份试卷的成绩。

❺ 切忌听力考试时走神

这是听力考试中最易犯的毛病：就是考生在考试时突然会有一段时间心不在焉，脑袋不知在想什么。这是绝大多数的考生都会出现的极危险的毛病。病因是考生对不熟悉的

1

语言听得太少,所以当在一个极其安静的环境下听不熟悉的语言时,就很难集中精神。而且,听力考试最好不要闭上眼睛,不要以为这样可以专心用耳朵听,其实这样反而容易让考生尽快进入睡眠状态。

❻ 考试当天痛下苦功没有意义

说句老实话,如果你在考试的当天仍在临阵磨枪,那你的成绩也不会好到哪里!与其将自己的神经线逼至绝境而期望发挥不知是否存在的潜能,还不如之前多用功。考试当天只需带一本书随便翻翻,让脑子不会太空或者别没事胡思乱想即可。保持适当的紧张感是好事,但逼得太过,反而会因过度紧张而发挥不出真实水平。

❼ 提早预想问题

由于听力时间极其有限,如果等到,听完全部都才想答案就太晚了,所以在听第一部分时先看各题目,就算是校对试题有否出错的短时间也别浪费。在心中先将题目中出现的东西用日语念一遍,并自行用日语找出不同的地方,等到正式听录音时就可以轻松捕捉到录音中的重点来回答问题了。

❽ 解答看主语

在听力考试时,通常都会先说"有一个男人和一个女人在谈论"之类的话,通常排第一的都是问题的主角,所以如果问题是"一个男人和一个女人"的对话,那就要将重点集中在男人身上,反之亦然。

❾ 文章中心比细节重要

在读解考试中,最易出现的问题是被一些看不明白的句子耽搁而浪费大量时间。其实只要从前文后理来推断,也可以大致知道是什么意思,重要的是整篇文章的理解而并非个别字眼的理解。所以如有不明白的句子就先丢开,待看完整篇文章之后再看该句子,往往这时就会明白该句子的意思。

❿ 兵贵神速

除了3级还算有点儿多余时间之外,1级和2级的考试时间都是极其珍贵的,不能有一点点的浪费,我就曾在考场上听过不少考生抱怨说时间不够。一般来说,2级和1级通常只够考生答第一次后再检查一次的,所以第一次做答时绝不能浪费任何时间,一旦碰上搞不懂的题目,应立即在问题纸上作个记号然后赶紧答下一道题,待将答案正式填到答题纸上时再去想刚才没搞懂的那几个问题。最重要的一点是:涂答题卡千万不能浪费时间,这不是在做工笔画,不需要精雕细琢,哪怕你横七竖八地涂在答题卡上,只要能保证机器能够正确读卡即可,实在没必要在这里追求完美。

日本語能力試験

試験問題

3 級

2007 年

Writing/Vocabulary

（２００７）

3 級
きゅう

文字・ごい
も　じ

（100点　35ふん）
てん

注　意
ちゅう　い
Notes

1. しけんがはじまるまで、中の問題を見ないでください。
なか　もんだい　み
Do not open this question booklet before the test begins.

2. この問題用紙は、おいて出てください。
もんだいようし
Do not take this question booklet with you after the test.

3. 受験番号と名前を下の欄に、受験票とおなじようにはっきり
じゅけんばんごう　なまえ　した　らん　じゅけんひょう
と書いてください。
か
Write your registration number and name clearly in each box below as written on your test voucher.

4. この問題用紙は、全部で10ページあります。
もんだいようし　ぜんぶ
This question booklet has 10 pages.

5. 問題には解答番号の 1 、 2 、 3 …がついています。解答は、
もんだい　かいとうばんごう　かいとう
解答用紙にあるおなじ番号の解答欄にマークしてください。
かいとうようし　ばんごう　かいとうらん
One of the row numbers 1 , 2 , 3 … is given for each question. Mark your answer in the same row of the answer sheet.

受験番号 Examinee Registration Number
じゅけんばんごう

名前 Name
なまえ

問題Ⅰ ＿＿＿＿の ことばは どう 読みますか。1・2・3・4から いちばん い
い ものを 一つ えらびなさい。

（例） じゅぎょうが 終わりました。

終わりました　　 1　おわりました　　　　　　 2　さわりました
　　　　　　　　　 3　まわりました　　　　　　 4　くわわりました

（解答用紙）　[（例）　● ② ③ ④]

問1　この　にもつは　軽いので　ひとりで　持てます。

[1]　軽い　　　 1　うすい　　　 2　かるい　　　 3　ほそい　　　 4　こまかい

[2]　持てます 1　うてます　　 2　たてます　　 3　まてます　　 4　もてます

問2　急いで　出発しないと　おくれますよ。

[3]　急いで　　 1　いそいで　　 2　すぐいで　　 3　はやいで　　 4　きゅういで

[4]　出発　　　 1　しゅはつ　　 2　しゅぱつ　　 3　しゅっはつ　 4　しゅっぱつ

問3　あの　人は　声が　よくて　歌が　うまいです。

[5]　声　　　　 1　こえ　　　　 2　こい　　　　 3　せい　　　　 4　せえ

[6]　歌　　　　 1　おん　　　　 2　うそ　　　　 3　おと　　　　 4　うた

問4　この　野菜は　味が　いいです。

[7]　野菜　　　 1　やさい　　　 2　やざい　　　 3　やせい　　　 4　やぜい

[8]　味　　　　 1　あじ　　　　 2　いろ　　　　 3　かたち　　　 4　におい

6

問5　気分が　悪く　なったら、運動を　中止して　ください。
　　⑨　　⑩　　　　　　　⑪　　⑫

　　⑨　気分　　　1　きふん　　2　きぶん　　3　きもち　　4　きもぢ
　　⑩　悪く　　　1　いたく　　2　ひどく　　3　わるく　　4　おかしく
　　⑪　運動　　　1　うんてん　2　うんでん　3　うんとう　4　うんどう
　　⑫　中止　　　1　じゅうし　2　じゅうと　3　ちゅうし　4　ちゅうと

問6　産業は　地理と　ふかい　かんけいが　ある。
　　⑬　　⑭

　　⑬　産業　　　1　さんきょう　2　さんぎょう　3　ざんきょう　4　ざんぎょう
　　⑭　地理　　　1　ちり　　　　2　じり　　　　3　ちいり　　　4　じいり

問7　この　むしは　光の　ほうに　進みます。
　　　　　　　　⑮　　　　　　⑯

　　⑮　光　　　　1　あかり　　2　あかる　　3　ひかり　　4　ひかる
　　⑯　進みます　1　こみます　2　ふみます　3　たのみます　4　すすみます

問8　短い　時間でしたが　楽しかったです。
　　⑰　　　　　　　⑱

　　⑰　短い　　　1　こわい　　2　うるさい　　3　みじかい　　4　いそがしい
　　⑱　楽しかった1　うれしかった　　　　　2　たのしかった
　　　　　　　　　3　すばらしかった　　　　4　よろこばしかった

問9　たなかさんは　あしたの　昼　着きます。
　　　　　　　　　　　　　　⑲　⑳

　　⑲　昼　　　　1　ごご　　2　ひる　　3　ゆう　　4　あさ
　　⑳　着きます　1　おきます　2　すきます　3　つきます　4　うきます

問題Ⅱ ＿＿＿＿＿の ことばは 漢字を つかって どう 書きますか。1・2・3・4
から いちばん いい ものを 一つ えらびなさい。

（例） この うみは とても あおい。

うみ　　1 梅　　　　2 湖　　　　3 糊　　　　4 海

（解答用紙）　| （例）　① ② ③ ● |

問1　むかしの 人は 月が すきで いろいろな はなしを つくった。
　　　　　　　　　　　　　　　　　　　21　　　　　　　　　　22　　　　23

21 すき　　　1 妨き　　　　2 好き　　　　3 奸き　　　　4 奴き

22 はなし　　1 言　　　　2 詰　　　　3 語　　　　4 話

23 つくった　1 作った　　　2 任った　　　3 昨った　　　4 旺った

問2　この びょういんは いしゃが しんせつです。
　　　　　　　24　　　　　　25　　　　26

24 びょういん　1 症院　　　2 症員　　　3 病院　　　4 病員

25 いしゃ　　　1 匠者　　　2 医看　　　3 匠看　　　4 医者

26 しんせつ　　1 親功　　　2 親切　　　3 新切　　　4 新功

問3　わたしの かぞくは さきに うちへ かえりました。
　　　　　　　　27　　　　　　　　　　　　28

27 かぞく　　　1 家旅　　　2 家底　　　3 家庭　　　4 家族

28 かえりました　1 仮りました　2 帰りました　3 返りました　4 掃りました

問4　ここには よく はたらく 人が あつまって います。
　　　　　　　　　　29　　　　　30

29 はたらく　　1 働く　　　2 倒く　　　3 勤く　　　4 僅く

30 あつまって　1 集まって　　2 隼つまって　3 隼まって　4 集つまって

問 5　<u>いぬ</u>が　<u>はしって</u>　きた。
　　[31]　　　[32]

　　[31]　いぬ　　　　1 半　　　　2 牛　　　　3 犬　　　　4 太

　　[32]　はしって　　1 歩って　　2 足って　　3 徒って　　4 走って

問 6　わたしは　<u>あねと</u>　<u>おなじ</u>　先生に　えいごを　<u>ならった</u>。
　　　　　　　　[33]　　　[34]　　　　　　　　　　　　　[35]

　　[33]　あね　　　　1 妹　　　　2 娘　　　　3 姉　　　　4 姑

　　[34]　おなじ　　　1 同じ　　　2 同じ　　　3 向じ　　　4 向じ

　　[35]　ならった　　1 学った　　2 練った　　3 習った　　4 勉った

問題III _____の ところに 何を 入れますか。1・2・3・4から いちばん い
い ものを 一つ えらびなさい。

(例) とうきょうの _____に 小さな いえを かいました。
    1 こうがい   2 こうこう   3 こうどう   4 こくさい

(解答用紙) (例) ● ② ③ ④

36 日本では ほとんど 一日中 テレビの _____が ある。
    1 きせつ   2 ほうりつ   3 ほうそう   4 きそく

37 じこで あたまを _____ ので、びょういんに はこばれた。
    1 つつんだ   2 うった   3 おこした   4 やめた

38 子どもが _____を こわして しまった。
    1 ぐあい   2 やくそく   3 おもちゃ   4 ぶどう

39 さむく なったので そろそろ _____が ほしいですね。
    1 ゆしゅつ   2 れいぼう   3 ゆにゅう   4 だんぼう

40 わたしは やまもとさんに りょこうの _____を もらいました。
    1 おみやげ   2 おみまい   3 おまつり   4 おいわい

41 この むらでは おもに こめを _____ して います。
    1 せいさん   2 けんぶつ   3 たいいん   4 はつおん

42 かれは きょうは 来ないと 言って いましたが、_____ 来ませんでし
    たね。
    1 すっかり   2 やっぱり   3 はっきり   4 びっくり

10

43 日本の ぶんかに ついて _____を 書きました。

   1 ワープロ   2 チェック   3 パソコン   4 レポート

44 2に 3を _____と 5になる。

   1 たす   2 ひく   3 けす   4 やく

45 この としょかんは 7時まで _____する ことが できます。

   1 したく   2 りよう   3 しょうち   4 せいかつ

問題IV つぎの _____の 文と だいたい おなじ いみの 文は どれです
か。1・2・3・4から いちばん いい ものを 一つ えらびなさい。

(例) じを ていねいに 書きなさい。
 1 まんなかに じを 書きなさい。
 2 きれいに じを 収きなさい。
 3 おおきく じを 書きなさい。
 4 ちいさく じを 書きなさい。

(解答用紙) | (例) | ① ● ③ ④ |

46 すずきさんは かならず 来ると 思います。
 1 すずきさんは きっと 来ます。
 2 すずきさんは たまに 来ます。
 3 すずきさんは まっすぐ 来ます。
 4 すずきさんは ゆっくり 来ます。

47 しょうらいの けいかくを みんなで はなしました。
 1 いままでの けいかくを みんなで はなしました。
 2 さいごの けいかくを みんなで はなしました。
 3 さいしょの けいかくを みんなで はなしました。
 4 これからの けいかくを みんなで はなしました。

48 きのう やまもとさんを たずねました。
 1 きのう やまもとさんの しつもんに こたえました。
 2 きのう やまもとさんの いえに 行きました。
 3 きのう やまもとさんの しごとを てつだいました。
 4 きのう やまもとさんの つごうを 聞きました。

49 わたしは　おがわさんに　あやまりました。

1　わたしは　おがわさんに　「おめでとうございます。」と　言いました。

2　わたしは　おがわさんに　「それは　いけませんね。」と　言いました。

3　わたしは　おがわさんに　「おかげさまで。」と　言いました。

4　わたしは　おがわさんに　「ごめんなさい。」と　言いました。

50 あした　5時に　来るのは　むりです。

1　あした　5時に　来る　ことに　します。

2　あした　5時に　来なければ　なりません。

3　あした　5時に　来られません。

4　あした　5時に　来るように　します。

問題Ⅴ つぎの　51から　55の　ことばの　つかいかたで　いちばん　いい　もの
　　　を　1・2・3・4から　一つ　えらびなさい。

(例) さしあげる
1 先生に　ケーキを　さしあげる。
2 つまに　ピアノを　さしあげる。
3 とりに　むしを　さしあげる。
4 花に　水を　さしあげる。

(解答用紙)

51 すると
1 きのうは　天気が　よくなかったです。すると、　わたしは　テニスを　しま
　せんでした。
2 なんかいも　聞きました。すると、　わかりませんでした。
3 ボタンを　おしました。すると、　ドアが　あきました。
4 あした　しけんを　します。すると、　よく　べんきょうして　ください。

52 げんいん
1 12さいいじょうの　子どもが　この　クラスの　げんいんに　なれます。
2 あたらしい　かいしゃで　しごとの　げんいんを　おしえて　もらいました。
3 けいさつは　じこの　げんいんを　しらべて　います。
4 この　木を　げんいんに　して　いすを　つくりましょう。

53 そだてる
1 たいせつに　そだてて　いた　花が　さきました。
2 この　りょうりは　おいしく　なるまで、よく　そだてました。
3 なんども　なおして　さくぶんを　そだてました。
4 じが　小さくて見えないので、もう　すこし　そだてて　ください。

54 きびしい

1 この パンは きびしくて 食べられません。

2 わたしは きびしい ペンを つかって います。

3 この おちゃは きびしくて おいしいです。

4 社長は きびしい 人です。

55 よやく

1 月へ 行く ことは わたしの よやくの ゆめです。

2 みんなで ごはんを 食べるので、レストランを よやくしました。

3 毎日 1時間 べんきょうすると 母に よやくしました。

4 月よう日は かいものに 行く よやくです。

Listening

（２００７）

３級

聴　解

（100点　35分）

注　意
Notes

1. 試験が始まるまで、この問題用紙を開けないでください。
   Do not open this question booklet before the test begins.

2. この問題用紙を持って帰ることはできません。
   Do not take this question booklet with you after the test.

3. 受験番号と名前を下の欄に、受験票と同じようにはっきりと書いてください。
   Write your registration number and name clearly in each box below as written on your test voucher.

4. この問題用紙は、全部で12ページあります。
   This question booklet has 12 pages.

5. 問題Ⅰと問題Ⅱは解答のしかたが違います。例をよく見て注意してください。
   Answering methods for Part I and Part II are different. Please study the examples carefully and mark correctly.

6. この問題用紙にメモをとってもいいです。
   You may make notes in this question booket.

受験番号 Examinee Registration Number	
名前 Name	

問題 I

れい1

問　題　I			
解答番号	解　答　欄 Answer		
	1	2	3	4
れい1	①	②	●	④
れい2	①	②		④

れい2

1 きのうまで
2 きょうまで
3 あしたまで
4 あさってまで

問題 1				
解答番号	解答欄 Answer			
	1	2	3	4
れい 1	①	②	●	④
れい 2	①	②	●	④

1ばん

2ばん

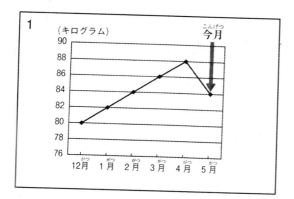

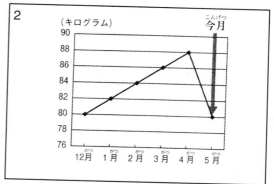

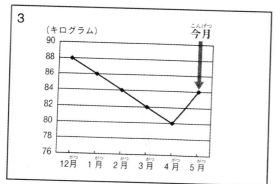

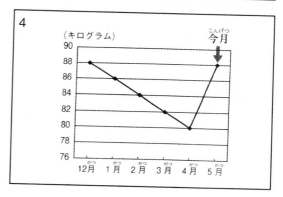

3ばん

1　44℃

2　41℃

3　39℃

4　34℃

4ばん

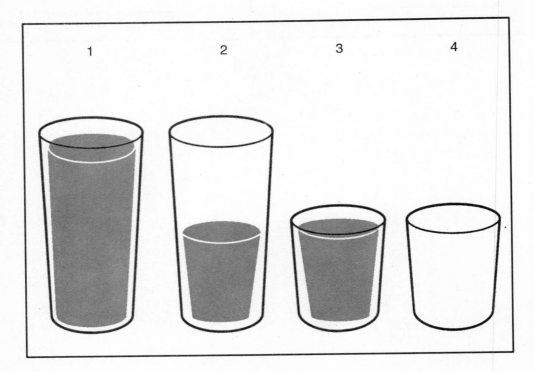

5ばん

1

月	火	水	木	金	土	日
			1	2	3	4	5
6	7	8	9	10	11	12

2

月	火	水	木	金	土	日
					1	2	3
4	5	6	7	8	9	10

3

月	火	水	木	金	土	日
	1	2	3	4	5	6
7	8	9	10	11	12	13

4

月	火	水	木	金	土	日
						1
2	3	4	5	6	7	8
9	10	11	12	13	14	15

6ばん

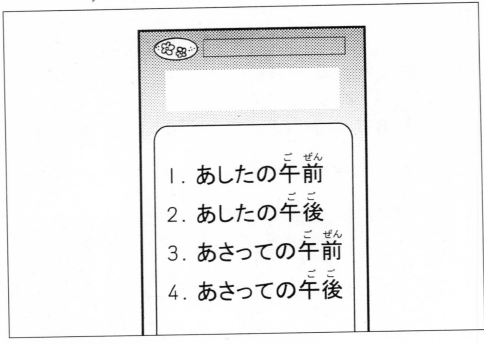

1. あしたの午前
2. あしたの午後
3. あさっての午前
4. あさっての午後

7ばん

8ばん

9ばん

1

2

3

4

10ばん

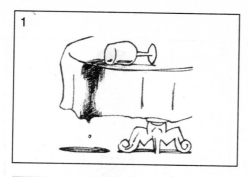

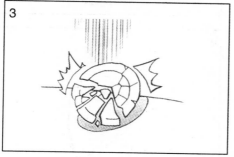

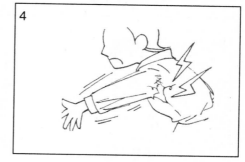

11ばん

12ばん

問題Ⅱ　えなどは　ありません。

れい

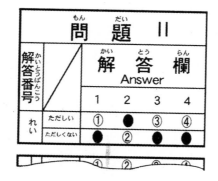

この　ページは　メモに　使っても　いいです。

（２００７）

３　級
きゅう

読解・文法
どっかい　　ぶんぽう

（200点　70分）
てん　　ぷん

注　意
ちゅう　い

Notes

1. 試験が始まるまで、この問題用紙を開けないでください。
   しけん　はじ　　　　　　もんだいようし　あ
   Do not open this question booklet before the test begins.

2. この問題用紙を持って帰ることはできません。
   もんだいようし　も　　かえ
   Do not take this question booklet with you after the test.

3. 受験番号と名前を下の欄に、受験票と同じようにはっきりと
   じゅけんばんごう　なまえ　した　らん　じゅけんひょう　おな
   書いてください。
   か
   Write your registration number and name clearly in each box below as written
   on your test voucher.

4. この問題用紙は、全部で11ページあります。
   もんだいようし　　ぜんぶ
   This question booklet has 11 pages.

5. 問題には解答番号の 1 、2 、3 …が付いています。解答は、
   もんだい　かいとうばんごう　　　　　　　　　か　　　　　　　　かいとう
   解答用紙にある同じ番号の解答欄にマークしてください。
   かいとうようし　おな　ばんごう　かいとうらん
   One of the row numbers 1 , 2 , 3 … is given for each question. Mark
   your answer in the same row of the answer sheet.

受験番号 Examinee Registration Number	
じゅけんばんごう	

名前 Name	
なまえ	

問題 I ＿＿＿＿の ところに 何を 入れますか。1・2・3・4から いちばん い
い ものを 一つ えらびなさい。

(例) わたしは 毎朝 新聞＿＿＿＿ 読みます。
　　　1 が　　　　　　　2 の　　　　　　　　3 を　　　　　　　4 て

(解答用紙)　│(例)　① ② ● ④ │

1　わたしは 友だち＿＿＿＿ 山の 写真を 見せた。
　　　1 が　　　　　　　2 で　　　　　　　3 に　　　　　　　4 から

2　田中さん＿＿＿＿ 来る 日は 火曜日です。
　　　1 へ　　　　　　　2 を　　　　　　　3 で　　　　　　　4 の

3　台所から いい におい＿＿＿＿ します。
　　　1 と　　　　　　　2 を　　　　　　　3 に　　　　　　　4 が

4　この しゅくだいは 10日＿＿＿＿ 出して ください。
　　　1 まで　　　　　　2 までに　　　　　3 までは　　　　　4 までも

5　山下さんは 「また 電話します。」＿＿＿＿ 言って いました。
　　　1 で　　　　　　　2 に　　　　　　　3 と　　　　　　　4 か

6　A 「何を 食べますか。」
　　B 「わたしは てんぷらそば＿＿＿＿ します。」
　　　1 を　　　　　　　2 が　　　　　　　3 は　　　　　　　4 に

7　むすこは 毎日 あそんで＿＿＿＿で 勉強を しない。
　　　1 ばかり　　　　　2 ぐらい　　　　　3 しか　　　　　　4 ながら

8　ヤンさんは いつ 国へ 帰る＿＿＿＿？
　　　1 な　　　　　　　2 の　　　　　　　3 し　　　　　　　4 わ

9 さいきんは 日本の まんが＿＿＿＿ いろいろな 国で 読まれて います。
1 が　　　　　2 へ　　　　　3 に　　　　　4 を

10 兄＿＿＿＿ 弟の ほうが せが 高い。
1 から　　　　　2 まで　　　　　3 より　　　　　4 ほど

11 この 料理は ぎゅうにく＿＿＿＿ ぶたにくを 使います。
1 で　　　　　2 も　　　　　3 が　　　　　4 か

12 田中と もうします＿＿＿＿、山下さんを おねがいします。
1 と　　　　　2 が　　　　　3 から　　　　　4 のに

13 その アパートは 駅＿＿＿＿ 近い。
1 を　　　　　2 の　　　　　3 で　　　　　4 に

14 ひこうきが 空＿＿＿＿ 東から 西へ とんで 行きました。
1 を　　　　　2 は　　　　　3 で　　　　　4 と

15 だれが この 本を 書いた＿＿＿＿ 知って いますか。
1 は　　　　　2 を　　　　　3 か　　　　　4 で

問題Ⅱ ＿＿＿＿の ところに 何を 入れますか。1・2・3・4から いちばん い
い ものを 一つ えらびなさい。

16 ねつが 高い ときは、むりを ＿＿＿＿ ほうが いい。
　　1 しない　　　　2 しなくて　　　3 しないで　　　4 せず

17 じゅぎょうで 手紙の ＿＿＿＿ 方を 習いました。
　　1 書か　　　　　2 書き　　　　　3 書く　　　　　4 書いた

18 うちの 子どもは こわい 話を ＿＿＿＿ たがる。
　　1 聞く　　　　　2 聞き　　　　　3 聞いた　　　　4 聞け

19 二人は 来年 けっこん ＿＿＿＿ らしいです。
　　1 する　　　　　2 した　　　　　3 しよう　　　　4 します

20 あの びじゅつかんは いつ ＿＿＿＿ も 人が たくさん います。
　　1 行く　　　　　2 行け　　　　　3 行こう　　　　4 行って

21 しょうらい 先生に ＿＿＿＿ ために 勉強して います。
　　1 なる　　　　　2 なろう　　　　3 なった　　　　4 なれる

22 どなたか 質問の ある 方は ＿＿＿＿ か。
　　1 いらっしゃるです　　　　　　　2 いらっしゃいです
　　3 いらっしゃいません　　　　　　4 いらっしゃるではありません

23 あの 花は 5月に ＿＿＿＿ と さきません。
　　1 ならず　　　　2 ならなけれ　　3 ならなく　　　4 ならない

24 おなかが いたくて 病院へ 行ったら、1時間も ＿＿＿＿。
　　1 待たれせさせた　　　　　　　　2 待たせさせた
　　3 待たされた　　　　　　　　　　4 待たされられた

34

25 あした _____ なら せんたくを しません。

　　1 雨　　　　　　2 雨だ　　　　　　3 雨の　　　　　　4 雨に

26 外は _____ ようですね。

　　1 寒　　　　　　2 寒い　　　　　　3 寒く　　　　　　4 寒いの

27 来月 富士山に _____ と 思って います。

　　1 のぼり　　　　2 のぼろう　　　　3 のぼった　　　　4 のぼります

28 じしょを _____に 日本語の 新聞を 読む ことが できますか。

　　1 使わず　　　　2 使わない　　　　3 使わなく　　　　4 使わなくて

29 上手に _____ ように 何度も れんしゅうします。

　　1 話し　　　　　2 話せる　　　　　3 話そう　　　　　4 話される

30 _____ ので、その きかいに さわっては いけません。

　　1 きけん　　　　2 きけんに　　　3 きけんな　　　4 きけんだ

問題III ＿＿＿＿＿の ところに 何を 入れますか。1・2・3・4から いちばん い
い ものを 一つ えらびなさい。

31 ここを おすと ドアが ＿＿＿＿＿。

1 開きます   2 開けます

3 開いて います   4 開けて います

32 この ゲームは ＿＿＿＿＿ やって あそびます。

1 これ   2 こちら   3 こう   4 こんな

33 きゃく 「すみません、この ぼうし、かぶって ＿＿＿＿＿ いいですか。」

店員 「はい、どうぞ。」

1 しても   2 みても   3 くれても   4 あっても

34 くつを はいた ＿＿＿＿＿ へやに 入って しまった。

1 ばかり   2 ながら   3 ほど   4 まま

35 病気が 早く ＿＿＿＿＿ と いいですね。

1 よく する   2 いいに する

3 よく なる   4 いいに なる

36 先生は もう＿＿＿＿＿。

1 お帰りに なりました   2 お帰りなさいました

3 お帰りございました   4 お帰りいたしました

37 メニューの 中から ＿＿＿＿＿ 好きな ものを 一つ えらんで ください。

1 どれ   2 どれも   3 どれで   4 どれでも

38 その 仕事に ついては わたしから ＿＿＿＿＿。

1 ご説明なさいます   2 ご説明になります

3 ご説明いたします   4 ご説明ございます

問題IV つぎの　会話の　_____には、どんな　ことばを　入れたら　いいです
か。1・2・3・4から　いちばん　いい　ものを　一つ　えらびなさい。

39　A　「コーヒーでも　飲みに　行きませんか。」
　　B　「_____」
　　1　いいですか。飲むでしょうか。　　2　そうなんです。飲みましょうか。
　　3　いいですね。行きましょうか。　　4　そうですよ。行くでしょうか。

40　A　「その　本は　だれのですか。」
　　B　「_____。」
　　1　さあ、だれのか　わかりません
　　2　さあ、本か　どうか　わかりません
　　3　いいえ、これは　英語の　本ではありません
　　4　いいえ、これは　だれのではありません

41　A　「日本に　来て、どのぐらいですか。」
　　B　「_____。」
　　1　先週です　　　　2　21さいです　　　3　2週間です　　　4　11月18日です

42　A　「けしゴム　持ってる?」
　　B　「うん、持ってるよ。貸して_____。」
　　1　もらうよ　　　　2　あげるよ　　　3　くれるね　　　4　くださいね

43　A　「きょうは　寒かったですね。あしたも　寒いでしょうか。」
　　B　「_____。」
　　1　へえ、寒いですね
　　2　ええ、きっと　寒いと　思います
　　3　ああ、あしたも　寒くないでしょう
　　4　なるほど、とても　寒かったですよ

問題Ⅴ　つぎの　文を　読んで、質問に　答えなさい。答えは　1・2・3・4から
　　　　いちばん　いい　ものを　一つ　えらびなさい。

さとう　「今月から　仕事の　時間が　早く　なったそうだね。」

すずき　「ええ。でも、朝　仕事の　時間に　間に合わなくて……。」

さとう　「えっ、間に合わない?」

すずき　「（　①　）。」

さとう　「ふーん、どんな　時計?」

すずき　「大きな　音が　出る　時計です。ベッドの　そばに　四つ　おきました。」

さとう　「へえ、四つも! いっしょに　音が　出たら、とても　大きいね。」

すずき　「ええ、妹に　（　②　）と　おこられました。わたしも　音は　聞こえる
　　　　んですが、すぐ　止めて　また　ねて　しまうんです。」

さとう　「そうか。」

すずき　「妹に　おこられても　いいから、早く　起きたいんです。どうしたら　い
　　　　いでしょうか。」

さとう　「そうだね。まず、時計は　（　③　）ように　すると　いいよ。たとえば、
　　　　6時に　起きたかったら　5時50分に。」

すずき　「10分前ですね。」

さとう　「そう。それから、時計を　いろいろな　場所に　おくと　いいよ。四つ
　　　　の　時計が　ぜんぶ　ちがう　場所に　あったら、音を　止める　ために
　　　　起きなければ　ならないから。」

すずき　「なるほど! そうですね。すぐに　やって　みます。」

44　（　①　）には　何を　入れますか。

　1　時計を　買ったから、だいじょうぶです

　2　時計を　買ったのに、起きられないんです

　3　お金が　ないから、時計が　買えないんです

　4　店に　行ったのに、いい　時計が　なかったんです

45 （ ② ）には　何を　入れますか。

1 音が　うるさくて　こまる　　　2 音が　小さくて　聞こえない

3 なかなか　起きられない　　　　4 もっと　時間を　早くして　ください

46 （ ③ ）には　何を　入れますか。

1 音が　大きい　ものだけ　使う

2 時間が　見やすい　ものを　使う

3 一つずつ　ちがう　時間に　音が　出る

4 起きたい　時間の　少し　前に　音が　出る

47 これから　すずきさんは　時計を　どこに　おきますか。

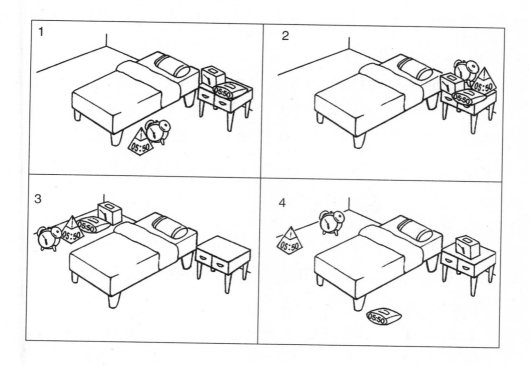

問題Ⅵ つぎの 文を 読んで、質問に 答えなさい。答えは 1・2・3・4から
いちばん いい ものを 一つ えらびなさい。

　さいきん 犬や ねこなどの ペットと いっしょに 住める アパートが ふえ
て きて います。10年前、この 町には ペットと 住める アパートが ほと
んど ありませんでしたが、去年は ぜんぶの アパートの 半分以上に なり
ました。そして、今も ふえつづけて いるそうです。

　先月 花田さんと おくさんが この 町の アパートに ひっこして きまし
た。ひっこしてから、犬 2ひきと いっしょに 住んで います。花田さんは 65さ
いで 仕事を やめてから 元気が ありませんでしたが、犬と いっしょに い
て 気持ちが 明るく なったそうです。おくさんは 体が じょうぶに なりま
した。ひっこす 前は 足が 悪くて、ほとんど 家の 中に いましたが、今
は 毎日 犬と いっしょに さんぽして います。二人は、いやな ことが
あっても、かわいい 2ひきを 見ると 気持ちが やさしくなって、毎日 楽し
く せいかつできると 言って います。

　わたしは 今まで ペットが ほしいと 思った ことが ありませんでした。ペッ
トは 毎日 世話が たいへんです。食べ物や トイレの 世話が あるし、
病気の ときは 病院に つれて 行かなければ なりません。でも、花田さん
の 話を 聞いて、わたしも ペットと 住んで みたいと 思いました。

48 この 町の アパートの 説明で 正しい ものは どれですか。

　1 今は ペットと いっしょに 住める アパートの ほうが 多い。
　2 今は ペットと いっしょに 住めない アパートの ほうが 多い。
　3 今は ほとんどの アパートで ペットと いっしょに 住めない。
　4 今は どんな アパートでも ペットと いっしょに 住める。

49 花田さんの おくさんの 説明で 正しい ものは どれですか。

1 仕事を やめたので、せいかつが 楽しく なりました。

2 足が 悪くて、ほとんど 家の 中に います。

3 10年前から 犬 2ひきと いっしょに 住んで います。

4 この 町に ひっこしてから 前より 元気に なりました。

50 「ペットと 住んで みたい」 と 思ったのは どうしてですか。

1 ペットの 世話が 10年前より かんたんに なったから

2 ペットと いっしょに せいかつするのは 楽しそうだから

3 ペットと 住める アパートが さいきん ふえて きたから

4 ペットは 食べ物や トイレの 世話が あるから

3級

2007 日本語能力試験 解答用紙 （文字・語彙）

にほんごのうりょくしけん　かいとうようし　もじ・ごい

解答番号	解答欄 Answer			
	1	2	3	4
1	①	②	③	④
2	①	②	③	④
3	①	②	③	④
4	①	②	③	④
5	①	②	③	④
6	①	②	③	④
7	①	②	③	④
8	①	②	③	④
9	①	②	③	④
10	①	②	③	④
11	①	②	③	④
12	①	②	③	④
13	①	②	③	④
14	①	②	③	④
15	①	②	③	④
16	①	②	③	④
17	①	②	③	④
18	①	②	③	④
19	①	②	③	④
20	①	②	③	④
21	①	②	③	④
22	①	②	③	④
23	①	②	③	④
24	①	②	③	④
25	①	②	③	④

解答番号	解答欄 Answer			
	1	2	3	4
26	①	②	③	④
27	①	②	③	④
28	①	②	③	④
29	①	②	③	④
30	①	②	③	④
31	①	②	③	④
32	①	②	③	④
33	①	②	③	④
34	①	②	③	④
35	①	②	③	④
36	①	②	③	④
37	①	②	③	④
38	①	②	③	④
39	①	②	③	④
40	①	②	③	④
41	①	②	③	④
42	①	②	③	④
43	①	②	③	④
44	①	②	③	④
45	①	②	③	④
46	①	②	③	④
47	①	②	③	④
48	①	②	③	④
49	①	②	③	④
50	①	②	③	④

解答番号	解答欄 Answer			
	1	2	3	4
51	①	②	③	④
52	①	②	③	④
53	①	②	③	④
54	①	②	③	④
55	①	②	③	④

3級

2007 にほんごのうりょくしけん 日本語能力試験 かいとうようし 解答用紙 (ちょうかい 聴解)

じゅけんばんごう
Examinee Registration Number

なまえ
Name

あなたのじゅけんひょうとおなじかどうか、たしかめてください
Check up on your Test Voucher.

< ちゅうい Notes >

1. くろいえんぴつ (HB、No.2) でかいてください。
   Use a black medium soft (HB or No.2) pencil.

2. かきなおすときは、けしゴムできれいにしてください。
   Erase any unintended marks completely.

3. きたなくしたり、おったりしないでください。
   Do not soil or bend this sheet.

4. マークれい Marking examples

よい Correct	わるい Incorrect
●	⊘ ◯ ◖ ◕ ⊖ ● ○

もんだい 問題 I かいとうらん 解答欄 Answer

かいとうばんごう 解答番号	1	2	3	4
例1	①	●	③	④
例2	●	②	③	④
1	①	②	③	④
2	①	②	③	④
3	①	②	③	④
4	①	②	③	④
5	①	②	③	④
6	①	②	③	④
7	①	②	③	④
8	①	②	③	④
9	①	②	③	④
10	①	②	③	④
11	①	②	③	④
12	①	②	③	④

もんだい 問題 II かいとうらん 解答欄 Answer

かいとうばんごう 解答番号		1	2	3	4
例	正しい	①	②	●	④
	正しくない	①	●	③	④
1	正しい	①	②	③	④
	正しくない	①	②	③	④
2	正しい	①	②	③	④
	正しくない	①	②	③	④
3	正しい	①	②	③	④
	正しくない	①	②	③	④
4	正しい	①	②	③	④
	正しくない	①	②	③	④
5	正しい	①	②	③	④
	正しくない	①	②	③	④
6	正しい	①	②	③	④
	正しくない	①	②	③	④
7	正しい	①	②	③	④
	正しくない	①	②	③	④
8	正しい	①	②	③	④
	正しくない	①	②	③	④
9	正しい	①	②	③	④
	正しくない	①	②	③	④
10	正しい	①	②	③	④
	正しくない	①	②	③	④
11	正しい	①	②	③	④
	正しくない	①	②	③	④

3級

2007 にほんごのうりょくしけん 日本語能力試験 かいとうようし 解答用紙（読解・文法）

| じゅけんばんごう Examinee Registration Number | | なまえ Name | |

L → あなたのじゅけんひょうとおなじかどうかたしかめてください。
Check up on your Test Voucher. ↑ L

〈 ちゅうい Notes 〉

1. くろいえんぴつ（HB、No.2）でかいてください。
   Use a black medium soft (HB or No.2) pencil.

2. かきなおすときは、けしゴムできれいにしてください。
   Erase any unintended marks completely.

3. きたなくしたり、おったりしないでください。
   Do not soil or bend this sheet.

4. マークれい　Marking examples

よい Correct	わるい Incorrect
●	⊗ ○ ◑ ◐ ⊖ ○

かいとうらん 解答欄 Answer

解答番号	1	2	3	4
1	①	②	③	④
2	①	②	③	④
3	①	②	③	④
4	①	②	③	④
5	①	②	③	④
6	①	②	③	④
7	①	②	③	④
8	①	②	③	④
9	①	②	③	④
10	①	②	③	④
11	①	②	③	④
12	①	②	③	④
13	①	②	③	④
14	①	②	③	④
15	①	②	③	④
16	①	②	③	④
17	①	②	③	④
18	①	②	③	④
19	①	②	③	④
20	①	②	③	④
21	①	②	③	④
22	①	②	③	④
23	①	②	③	④
24	①	②	③	④
25	①	②	③	④

かいとうらん 解答欄 Answer

解答番号	1	2	3	4
26	①	②	③	④
27	①	②	③	④
28	①	②	③	④
29	①	②	③	④
30	①	②	③	④
31	①	②	③	④
32	①	②	③	④
33	①	②	③	④
34	①	②	③	④
35	①	②	③	④
36	①	②	③	④
37	①	②	③	④
38	①	②	③	④
39	①	②	③	④
40	①	②	③	④
41	①	②	③	④
42	①	②	③	④
43	①	②	③	④
44	①	②	③	④
45	①	②	③	④
46	①	②	③	④
47	①	②	③	④
48	①	②	③	④
49	①	②	③	④
50	①	②	③	④

2007 年日本語能力試験 3 級正解と解析

文字・語彙

正解

問題 I

問 1		問 2		問 3		問 4		問 5			
1	**2**	**3**	**4**	**5**	**6**	**7**	**8**	**9**	**10**	**11**	**12**
2	4	1	4	1	4	1	1	2	3	4	3

問 6		問 7		問 8		問 9	
13	**14**	**15**	**16**	**17**	**18**	**19**	**20**
2	1	3	4	3	2	2	3

問題 II

問 1			問 2			問 3		問 4		問 5	
21	**22**	**23**	**24**	**25**	**26**	**27**	**28**	**29**	**30**	**31**	**32**
2	4	1	3	4	2	4	2	1	1	3	4

問 6		
33	**34**	**35**
3	1	3

問題 III

36	**37**	**38**	**39**	**40**	**41**	**42**	**43**	**44**	**45**
3	2	3	4	1	1	2	4	1	2

問題 IV

46	**47**	**48**	**49**	**50**
1	4	2	4	3

問題 V

51	**52**	**53**	**54**	**55**
3	3	1	4	2

解析

問題 Ⅰ

問1 2　4

1 薄い(うすい)、軽い(かるい)、細い(ほそい)、細かい(こまかい)

2 打てます(うてます)、立てます(たてます)、待てます(まてます)、持てます(もてます)

▶ 全句翻译：这件行李轻，所以一个人拿得动。

問2 1　4

3 急いで(いそいで)、すぐいで、はやいで、きゅういで

　2、3、4项不构成单词。

4 しゅはつ、しゅぱつ、しゅっはつ、出発(しゅっぱつ)

　1、2、3项不构成单词。

▶ 全句翻译：不快点儿出发的话可就晚了呀。

問3 1　4

5 声(こえ)、鯉(こい)、姓(せい)、せえ

　第4项不构成单词。

6 音(おん)、嘘(うそ)、音(おと)、歌(うた)

　第1项单词的读音是音读；第3项单词的读音是训读。

46

▶ 全句翻译:那个人声音好、歌声美。

問4　1　1

⑦ 野菜(やさい)、やざい、野生(やせい)、やぜい

　2、4 项不构成单词。

⑧ 味(あじ)、色(いろ)、形(かたち)、匂(におい)

▶ 全句翻译:这个菜味道好。

問5　2　3　4　3

⑨ きふん、気分(きぶん)、気持ち(きもち)、きもぢ

　1、4 项不构成单词。

⑩ 痛く(いたく)、酷く(ひどく)、悪く(わるく)、可笑しく(おかしく)

⑪ 運転(うんてん)、うんでん、運等(うんとう)、運動(うんどう)

　第 2 项不构成单词。

⑫ 重視(じゅうし)、じゅうと、中止(ちゅうし)、中途(ちゅうと)

　第 2 项不构成单词。

▶ 全句翻译:不舒服的话,就停止运动。

問6 2 1

13 三京(さんきょう)、産業(さんぎょう)、残響(ざんきょう)、残業(ざんぎょう)

14 地理(ちり)、事理(じり)、ちいり、じいり

　　3、4项不构成单词。

▶ 全句翻译:产业和地理有很深的关系。

問7 3 4

15 灯(あかり)、耀(あかる)、光(ひかり)、光る(ひかる)

16 込みます(こみます)、踏みます(ふみます)、

　　頼みます(たのみます)、進みます(すすみます)

▶ 全句翻译:这种虫子飞向光亮处。

問8 3 2

17 怖い(こわい)、煩い(うるさい)、短い(みじかい)、忙しい(いそがしい)

　　第1项的意思是"可怕,令人害怕";第2项的意思是"讨厌,麻烦"。

18 嬉しかった(うれしかった)、楽しかった(たのしかった)、

　　素晴らしかった(すばらしかった)、喜ばしかった(よろこばしかった)

　　第3项单词原形是「素晴らしい」,意思是"极好,绝佳";第4项单词的原形是「よろこ

　　ばしい」,意思是"可喜,喜悦,高兴"。

▶ 全句翻译:尽管时间短暂,但是很愉快。

問9　2　3

19 午後(ごご)、昼(ひる)、夕(ゆう)、朝(あさ)

20 起きます(おきます)、空きます(すきます)、

着きます(つきます)、浮きます(うきます)

第 2 项单词原形是「空く」,意思是"空,空出";第 4 项单词原形是「浮く」,意思是"浮,

浮起"。

▶ 全句翻译:田中明天中午到。

問題 Ⅱ

問1　2　4　1

21 妨き、好き(すき)、姉き、奴き

1、3、4 项不构成单词。

22 言(けん・ごん)、詰(きつ)、語(ご)、話(はなし)

23 作った(つくった)、任った、昨った、旺った

2、3、4 项不构成单词。

▶ 全句翻译:过去的人喜欢月亮,创作了各种故事。

問2 3 4 2

24 症院、症員、病院(びょういん)、病員

1、3、4 项不构成单词。

25 匠者、医看、匠看、医者(いしゃ)

1、2、3 项不构成单词。

26 親功、親切(しんせつ)、新切、新功

1、3、4 项不构成单词。

▶ 全句翻译:这家医院医生热情。

問3 4 2

27 家旅、家底、家庭(かてい)、家族(かぞく)

1、2 项不构成单词。

28 仮りました、帰りました(かえりました)、返りました(かえりました)、掃りました

1、4 项不构成单词;第 3 项意思是"归还,返还"。

▶ 全句翻译:我的家人先回家了。

問4 1 1

29 働く(はたらく)、倒く、勤く、僅く

2、3、4 项不构成单词。

30 集まって(あつまって)、準つまって、準まって、集つまって

　　2、3、4 项不构成单词。

▶　全句翻译:这里经常聚集着工作的人。

問5　3　4

31 半(はん)、牛(うし)、犬(いぬ)、太

　　第 4 项不构成单词。

32 歩って、足って(たって)、徒って、走って(はしって)

　　1、3 项不构成单词。

▶　全句翻译:狗跑过来了。

問6　3　1　3

33 妹(いもうと)、娘(むすめ)、姉(あね)、姑(しゅうとめ)

　　第 4 项的意思是"婆婆,岳母"。

34 同じ(おなじ)、同じ、向じ、向じ

　　2、3、4 项不构成单词。

35 学った、練った、習った(ならった)、勉った

　　1、2、4 项不构成单词。

▶　全句翻译:我和姐姐跟同一个老师学了英语。

問題Ⅲ　3　2　3　4　1　1　2　4　1　2

36 答案:3

四个选项的当用汉字和意思分别是:1 季節→"季节";2 法律→"法律";3 放送→"广播,播放";4 规则→"规则,规章"。这样答案就一目了然了,是3「ほうそう」。

▶ 全句翻译:在日本几乎一整天都有电视播放。

37 答案:2

四个选项的原形分别是:1 包む;2 打つ;3 起こす;4 止める。意思分别是:1"包,裹";2"打,碰,撞";3"叫醒,引起";4"停止,取消"。根据句子前后的意思可以判断出答案是2「うった」。

▶ 全句翻译:因事故把头撞了,所以被送到了医院。

38 答案:3

四个选项的当用汉字和意思分别是:1 具合→"情况,状态";2 约束→"约定,约会";3 玩具→"玩具";4 葡萄→"葡萄"。根据句子的前后意思可以断定答案是3「おもちゃ」。

▶ 全句翻译:孩子把玩具弄坏了。

39 答案:4

四个选项的当用汉字和意思分别是:1 輸出→"出口";2 冷房→"冷气";3 輸入→"进口";4 暖房→"暖气"。根据句子的前后意思可以断定答案是 4「だんぼう」。

▶ 全句翻译:冷起来了,希望不久能供暖。

40 答案:1

四个选项的当用汉字和意思分别是:1 お土産→"特产,土产";2 お見舞い→"问候,探望";3 お祭り→"祭祀,节日";4 お祝い→"祝贺,贺礼"。根据句子的前后意思可以断定答案是 1「おみやげ」。

▶ 全句翻译:我从山本那里得到了旅行的土特产。

41 答案:1

四个选项的当用汉字和意思分别是:1 生産→"生产";2 見物→"参观";3 退院→"出院";4 発音→"发音"。根据句子的前后意思可以断定答案是 1「せいさん」。

▶ 全句翻译:这个村子主要生产大米。

42 答案:2

四个选项的意思分别是:1"完全";2"仍然,果然";3"清楚";4"吃惊"。根据句子的前后意思可以断定答案是 1「やっぱり」。

▶ 全句翻译:他说今天不来,果然没来。

43 答案:4

四个选项的意思分别是:1"文字处理机";2"检验,核对";3"个人电脑";4"报告"。根据句子的前后意思可以看出答案是4「レポート」。

▶ 全句翻译:关于日本的文化写了报告。

44 答案:1

四个选项的当用汉字和意思分别是:1足す→"加";2引く→"拉,减去";3消す→"熄灭,关掉";4焼く→"烧,烤"。根据句子前后的意思可以看出应该选择1「たす」。

▶ 全句翻译:2加3等于5。

45 答案:2

四个选项的当用汉字和意思分别是:1仕度→"准备,预备";2利用→"利用";3承知→"同意,知道";4生活→"生活"。根据句子前后的意思可以断定答案是2「利用」。

▶ 全句翻译:这个图书馆可以利用到7点。

46 题目句子的意思是:我想铃木一定会来。

选项的意思分别是:

1 铃木一定来。

2 铃木偶尔来。

3 铃木直接来。

4 铃木慢慢来。

正确答案是1。

关键词:かならず/一定,必定

47 题目句子的意思是:大家一起谈了将来的计划。

选项的意思分别是:

1 大家一起谈了到目前为止的计划。

2 大家一起谈了最后的计划。

3 大家一起谈了最初的计划。

4 大家一起谈了今后的计划。

正确答案是4。

关键词:しょうらい/将来

48 题目句子的意思是:昨天拜访了山本。

选项的意思分别是:

1　昨天回答了山本的问题。

2　昨天去了山本的家。

3　昨天帮忙山本的工作。

4　昨天问了山本是否方便。

正确答案是2。

关键词:たずねました/拜访了

49 题目句子的意思是:我向小川道了歉。

选项的意思分别是:

1　我对小川说了:"祝贺你!"

2　我对小川说了:"那可不行啊。"

3　我对小川说了:"多亏了你。"

4　我对小川说了:"对不起。"

正确答案是4。

关键词:あやまりました/道歉了

50 题目句子的意思是:明天5点来不了。

选项的意思分别是:

1 决定明天5点来。

2 明天必须5点来。

3 明天5点不能来。

4 明天尽量5点来。

正确答案是3。

关键词:むりです/无理,难以办到

問題V   3   3   1   4   2

51 「すると」是"于是"的意思,表示由前项事情引起后项事情,多数情况下后项是出乎意料

的结果。

1 错误用法。句子想要表达的意思是"昨天天气不好,所以我没有打网球"。句子是因

果关系。

2 错误用法。句子想要表达的意思是"听了几次,但是没有懂"。句子是转折关系。

3 正确用法。句子的意思是"按了按钮,于是门开了"。

4 错误用法。句子想要表达的意思是"明天考试,所以要好好学习"。句子是因果关

系。

52 「げんいん」是"原因"的意思。

1   错误用法。句子想要表达的意思是"12岁以上的孩子可以成为这个班级的一员"。

2   错误用法。句子想要表达的意思是"告诉了我在新公司工作的理由"。使用「理由」

    比较合适。

3   正确用法。句子的意思是"警察正在调查事故的原因"。

4   错误用法。句子想要表达的意思是"以这个木材为原料做桌子吧"。使用「原料」比

    较合适。

53 「そだてる」是"培育,抚养"的意思。

1   正确用法。句子的意思是"精心培育的花开了"。

2   错误用法。句子想要表达的意思是"这道菜一直学到做得好吃为止"。

3   错误用法。句子想要表达的意思是"改了几次,完成了作文"。

4   错误用法。句子想要表达的意思是"字小看不见,再大点儿写"。

54 「きびしい」是"严格,严厉"的意思。

1   错误用法。句子想要表达的意思是"这个面包硬,吃不了"。

2   错误用法。使用「あたらしい」或「ふるい」等恰当。

3   错误用法。句子不通顺,可以使用「あたらしくて」等。

4   正确用法。句子的意思是"社长是个严厉的人"。

55 「予約」是"预约，预定"的意思。

1 错误用法。句子想要表达的意思是"登月是我将来的梦想"。使用「しょうらい」等

恰当。

2 正确用法。句子的意思是"因为大家要一起吃饭，所以预订了餐厅"。

3 错误用法。句子想要表达的意思是"妈妈规定每天要学习一个小时"。使用「決めら

れました」恰当。

4 错误用法。句子想要表达的意思是"星期一打算去买东西"。使用「予定」恰当。

聴解

問題 I	1ばん	2ばん	3ばん	4ばん	5ばん	6ばん	7ばん	8ばん	9ばん	10ばん	11ばん	12ばん
	4	1	3	2	2	4	1	3	1	1	3	1

問題 II	1ばん	2ばん	3ばん	4ばん	5ばん	6ばん	7ばん	8ばん	9ばん	10ばん	11ばん
	3	4	1	2	3	4	3	4	2	4	2

　2007 年日本語能力試験聴解 3 級、これから、3 級の聴解試験を始めます。メモをとっ

てもいいです。問題用紙を開けてください。

問題 I

問題用紙を見て、正しい答えを一つ選んでください。

では、練習しましょう。

例1　女の人と男の人が話しています。男の人は女の人にどんな本を渡しましたか。

女性：田中君、その本、とってくれる。

男性：これ。

女性：ああ、それじゃなくて、その薄くて開いたままの。

男性：ああ、これ、はい。

女性：ありがとう。

◆男の人は女の人にどんな本を渡しましたか。

　　正しい答えは3です。解答用紙の、問題1の、例1を見てください。例1です。正しい

答えは、3ですから、答えはこのように書きます。

　　もう一つ練習しましょう。

例2　男の人と女の人が話しています。男の人はいつまで休みますか。

男性：やあ、昨日も今日もゆっくりしたね。

女性：ええ、明日も休み?

男性：そう。

女性：あさっては。

男性：あさってから、また会社。

女性：そう、大変ね。

◆男の人はいつまで休みますか。

　正しい答えは3です。解答用紙の、問題1の、例2を見てください。例2です。正しい

答えは、3ですから、答えはこのように書きます。

　では、始めます。

1ばん　男の人と男の子が髪の毛について話しています。男の子の髪の毛はどうなり

　　　　ますか。

男性1：ずいぶん長くなったね、今日はどう切るのかな。

男性2：えーと、後ろのほうは首が全部見えるくらいに切ってください。

男性1：はい。

男性2：それから、横は耳が半分だけ見えるようにしてください。

男性1：はい。

◆男の子の髪の毛はどうなりますか。

译文：

男人和男孩在谈论头发。男孩的头发将变成什么样？

男1：这么长了，今天怎么剪？

男2：嗯，后面剪到脖子全部能够看得见。

男1:好的。

男2:然后,侧面剪到耳朵能看见一半。

男1:好的。

◆男孩的头发将变成什么样?

2ばん　男の人が話しています。正しいグラフはどれですか。

男性:よかった。先月より痩せてる。今年になってから体重が増え続けてたから、心配

　　　だったけど、よかった。去年と同じぐらいになるまで、もう少し頑張ろう。

◆正しいグラフはどれですか。

译文:

男人在说话。正确的图表是哪个?

男:太好了。比上个月瘦了。今年体重持续增加,很担心,太好了。再努努力,直到和去年

　　一样瘦。

◆正确的图表是哪个?

3ばん　男の人二人が話しています。いま何度ですか。

男性1:やあ、暑いですね。今日はこの夏、一番の暑さですね。

男性2:そうですね。先週35度まであがって、驚いてたのに。もう少しで40度ですよ。

◆いま何度ですか。

译文：

男人两个人在说话。现在多少度？

男1：呀，真热啊！今天是今年夏天最热的一天吧。

男2：是啊。上周升到35度，让人吃惊。差一点儿就到40度了。

◆现在多少度？

4ばん 男の子とお母さんが話しています。男の子はどのコップで、どれぐらいジュースを飲みますか。

男性：お母さん、ジュース飲んでいい？

女性：いいよ。お母さんも飲むから、コップ、二つ持ってきて。

男性：はい。大きいのと小さいのでいい？

女性：いいよ。太郎は小さいコップ、一杯ね。

男性：ええ？ぼく、こっちのほうがいいよ。

女性：それなら、コップの半分までよ。

男性：うん、わかった。

◆男の子はどのコップで、どれぐらいジュースを飲みますか。

译文：

男孩和妈妈在说话。男孩用哪个杯、喝多少果汁？

男：妈妈，喝果汁行吗？

女：行啊。妈妈也喝，拿两个杯来。

男：好的。一个大杯和一个小杯可以吗？

女：可以。太郎用小杯，一杯。

男：唉？我用这个。

女：那，就倒杯的一半吧。

男：嗯，知道了。

◆男孩用哪个杯、喝多少果汁？

5ばん　女の人と男の人が話しています。今月のカレンダーはどれですか。

女性：田中さん。

男性：はい。なんですか。

女性：昨日話したパーティーは。

男性：はい。

女性：来週の金曜日になったんですけど。

男性：えっと、来週の金曜日は10日ですね。私、毎月10日は忙しいんですよ。

女性：いいえ、8日ですよ。田中さん。何見てるんですか。それは、先月のカレンダー

ですよ。

男性：あ、本当だ。

◆今月のカレンダーはどれですか。

译文：

女人和男人在说话。这个月的日历是哪个？

女：田中。

男：嗯，什么事？

女：昨天说的宴会……

男：嗯。

女：改在下周五了。

男：嗯，下周五是十号。我每周十号忙。

女：不，是八号，田中。你看什么呢？那是上个月的日历。

男：啊，真的。

◆这个月的日历是哪个？

6ばん　男の人と女の人が電話で話しています。女の人はいつ荷物を持ってきてもら

　　　　いますか。

男性：もしもし、今日荷物をお持ちしたんですが、お留守だったので、持って帰ってるん

ですけど。

女性：あ、すみません。ちょっと出かけてて。

男性：いつお持ちしたらいいでしょうか。

女性：そうですね。明日の午前中、あ、明日は約束があったんだ。あさってにしてください。

男性：だいたい何時ごろがご都合よろしいですか。

女性：午後の早い時間にお願いします。

男性：はい、わかりました。

◆女の人はいつ荷物を持ってきてもらいますか。

译文：

男人和女人在电话里交谈。女人让什么时候拿来物品？

男：喂，今天我给你送货了，但是你不在家，所以我拿回去了。

女：啊，抱歉！我出去了一下。

男：什么时候给你拿来好呢？

女：嗯，明天上午，啊，明天有事。后天吧。

男：大致几点方便？

女：麻烦你下午早点儿送来。

男：好的。知道了。

◆女人让什么时候拿来物品？

7ばん　学生と先生が話しています。学生は先生に何をどのように送りますか。

女性：先生に今日お返しするはずだった本とテープなんですが、すみません、今日持っ

　　　てくるのを忘れてしまいました。

男性：そうですか。じゃ、明日でもいいですよ。

女性：すみません、今週はちょっとうかがえないので、封筒に入れて、お送りしてもいい

　　　でしょうか。

男性：じゃ、そうしてください。

女性：あ、でも、テープが壊れるといけないから、箱に入れて、お送りしたほうがよろし

　　　いですか。

男性：いや、いいですよ。テープのほうは急がないから、今度学校に来るとき、持ってき

　　　てください。

女性：わかりました。

◆学生は先生に何をどのように送りますか。

译文：

学生和老师在说话。学生把什么怎样送给老师？

女：应当今天还给老师的书和带子，对不起，今天忘拿来了。

男：是吗？那明天也可以。

女：对不起，这周不能到老师那儿，装在信封里邮给您可以吗？

男：那，就邮给我吧。

女：啊，不过带子要是毁坏了可不行，所以装在盒子里邮寄可以吗？

男：不，不用了。带子不着急。下次来学校时带给我。

女：知道了。

◆学生把什么怎样送给老师？

8ばん　男の人が話しています。男の人の町でいま一番有名なものはどれですか。

男性：私の町には、大きい港があります。昔は魚が美味しいことで、たいへん有名でし

　　　たが、最近はそばに自動車の工場ができたため、魚より、車のほうが有名な港にな

　　　りました。でも、この町でもっと知られているのは牛肉です。ビールを飲ませる

　　　ので、やわらかくて、美味しい肉になります。値段は高いのですが、遠くからたく

　　　さんの人が買いに来ます。

◆**男の人の町で今一番有名なものはどれですか。**

译文：

男人在说话。男人的城市现在最有名的是哪个？

男：我的城市有个大的港口。过去因为鱼好吃很有名，但是最近旁边建了家汽车工厂，所

以变成了车比鱼有名的港口了。不过,在这座城市更有名的是牛肉。因为让牛喝啤酒,所以肉嫩好吃。尽管价钱贵,但是很多人从很远的地方过来购买。

◆男人的城市现在最有名的是哪个?

9ばん　男の人と女の人が電話で話しています。女の人は今日、何をどの順番ですると言っていますか。

男性:もしもし、今日、映画を見に行かない?

女性:今日は忙しいのよ。外国から友だちが来るから、2時に空港に迎え行かなければならないの。空港に行く途中で、スーパーで買い物しなきゃいけないし、あ、まず、家の掃除をしなきゃ。あ、たいへん。

◆女の人は今日、何を、どの順番ですると言っていますか。

译文:

男人和女人在电话里交谈。女人说今天做什么、以什么顺序做?

男:喂,今天不去看电影吗?

女:我今天忙。因为朋友要从国外来,所以2点必须去机场迎接。去机场的途中又得在超市买东西。啊,首先得在家清扫。啊,够受的!

◆女人说今天做什么、以什么顺序做?

10ばん　女の人と男の人が話しています。女の人は何をしてしまいましたか。

女性：あ、やっちゃった。

男性：わー、たいへんだ。服、だいじょうぶ。

女性：うん、でも、割れなくてよかった。

◆女の人は何をしてしまいましたか。

译文：

女人和男人在说话。女人做了什么？

女：啊，糟了！

男：啊，不得了！衣服没事吧？

女：嗯。不过没碎很幸运。

◆女人做了什么？

11ばん　女の人と男の人が病院で話しています。男の人が今日してはいけないのはど
　　　　れですか。

女性：どうしましたか。

男性：昨日から喉が痛いんです。

女性：ちょっと、口をあけてください。あ、赤いですね。風邪ですね。今日はゆっくりお
　　　風呂に入って、早く寝てください。

男性:あのう、お酒やタバコは。

女性:あまりよくないですが、お酒はすこしならかまいません。タバコはやめてください。

男性:これから会社に行きたいんですが。

女性:あまり無理しないで。今日は早めに帰るようにしてくださいね。

男性:はい。

◆**男の人は今日してはいけないのはどれですか。**

译文:

女人和男人在医院里说话。男人今天不许做的是哪一项?

女:怎么了?

男:从昨天起嗓子疼。

女:请张开嘴。啊,红了。感冒了。今天好好泡个澡,早点儿睡。

男:嗯,酒和烟……

女:不太好,但是酒少喝点儿没关系。烟就别吸了。

男:现在我想去公司。

女:别勉强。今天尽量提前回家吧。

◆男人今天不许做的是哪一项?

12ばん　弟と姉が電話で話しています。弟は明日どんな格好で行きますか。

男性：明日から三日間、仕事でそっちに行くんだけど、寒い？

女性：そうね。朝晩はだいぶ冷えるわね。私、最近は毎日セーターよ。

男性：じゃあ、コート、着ていったほうがいいかな。会社の中はシャツ一枚でも大丈夫な
　　　んだけど。

女性：うん、まあ、あまり外を歩かないんだっから、背広だけでもいいと思うわ。

男性：そうか、でも、一応、スーツケースにコートを入れていくことにしようかな。

女性：そうね、それがいいわね。

◆**弟は明日どんな格好で行きますか。**

译文：

弟弟和姐姐在电话里说话。弟弟明天什么打扮去？

男：明天起三天因工作要去你那边，冷吗？

女：是啊。早晚很冷。我最近每天都穿毛衣。

男：啊，大衣也许穿过去好。尽管公司里面穿一件衬衫就行了……

女：嗯，不过如果不太在外面走的话，我想只穿西装就可以了。

男：是吗？不过还是在行李箱放件大衣去吧。

女：是啊，那样好。

◆弟弟明天什么打扮去？

問題Ⅱ

問題Ⅱはえなどがありません。正しい答えを一つ選んでください。

6番と7番の間に休みが入ります。

では、一度練習しましょう。

例　女の子が先生とピアノの練習をしています。女の子は、今からどうしますか。

女性：あのう、ちょっと休んでもいいですか。

男性：もう？　練習始めてから、まだ30分ですよ。

女性：おなかがすいちゃって…。

男性：あと15分がんばりましょう。

女性：はい。

◆女の子は、今からどうしますか。

1. 15分休みます。正しくないですから、下の1を塗ります。

2. 15分練習します。正しいですから、上の2を塗ります。

3. 30分休みます。正しくないですから、下の3を塗ります。

4. 30分練習します。正しくないですから、下の4を塗ります。

正しい答えは一つです。

では、始めます。

1ばん　女の人と男の人が話しています。男の人はコーヒーをどうやって飲みますか。

女性：お飲み物は何がよろしいですか。

男性：あ、すみません。じゃあ、コーヒーをいただけますか。

女性：熱いのと冷たいのと…。

男性：冷たいのはだめなんで、すみませんね。

女性：お砂糖は？

男性：結構です。

◆男の人はコーヒーをどうやって飲みますか。

  1. 熱いコーヒーに砂糖を入れて飲みます。

  2. 冷たいコーヒーに砂糖を入れて飲みます。

  3. 熱いコーヒーに砂糖を入れずに飲みます。

  4. 冷たいコーヒーに砂糖を入れずに飲みます。

译文：

女人和男人在说话。男人怎么喝咖啡？

女：饮料要什么？

男：啊，劳驾你了。我要咖啡。

女：热的和凉的……

男：凉的不行，对不起。

女：砂糖呢？

男：不要。

◆男人怎么喝咖啡？

  1. 热咖啡里放糖喝。

  2. 冷咖啡里放糖喝。

  3. 热咖啡里不放糖喝。

  4. 冷咖啡里不放糖喝。

2ばん　女の人と男の人が話しています。男の人は先生に何キロ走るように言われま

      したか。

女性：先輩、10キロまで、後4キロですよ。

男性：あ、あ、まだ6キロしか、走っていない、もうだめだ。

女性：いけませんよ。先生に言われたとおり、走ってください。

男性：あ、後、4キロなんて、無理だよ。

女性：じゃあ、後、1キロだけ、頑張りましょう。

男性：あ、わかった。それだけなら、頑張るよ。

◆男の人は先生に何キロ走るように言われましたか。

  1. 4キロです。   2. 6キロです。

3.7キロです。　　　　　　　　4.10キロです。

译文：

女人和男人在说话。老师对男人说要跑几公里？

女：前辈，10公里还剩4公里了。

男：啊，才跑了6公里？已经不行了。

女：不行！要按老师说的跑！

男：啊，还得跑4公里，跑不动了。

女：那，再坚持1公里吧。

男：啊，好吧。就这么短的话，我坚持。

◆老师对男人说要跑几公里？

　　1.4公里。　　　　　　　　2.6公里。

　　3.7公里。　　　　　　　　4.10公里。

3ばん　　男の人と女の人が話しています。二人は明日、何時に会いますか。

男性：明日、何時でした。

女性：田中さんとは、12時に約束しました。レストランの予約は、1時なんですけど。

男性：あ、じゃあ、僕たちは、30分、早く会いましょうか。田中さんの誕生日プレゼント、

　　　買わなきゃいけないし。

女性：あ、そうですね。田中さんにも言っておきます。

男性：ええ？ 田中さんのプレゼントだから、二人で選びましょう。三人で会うのは、12

　　　時でいいですよ。

女性：は、そうですね。

◆二人は明日、何時に会いますか。

　　1. 11時半です。　　　　　　　　2. 12時です。

　　3. 12時半です。　　　　　　　　4. 1時です。

译文：

男人和女人在说话。二人明天几点见面？

男：明天几点？

女：和田中约好了12点。餐厅订的是1点。

男：啊，那我们提前30分钟见面吧。因为必须买田中的生日礼物。

女：啊，是的。跟田中也先说一声。

男：嗯？ 田中的礼物，我们俩选吧。三个人见面在12点就行。

女：啊，好的。

◆二人明天几点见面？

　　1. 11点半。　　　　　　　　2. 12点。

　　3. 12点半。　　　　　　　　4. 1点。

4番　男の人と女の人が話しています。女の人は今度何をしに旅行に行きますか。

男性:佐藤さん、今度の休み、沖縄旅行でしょう。

女性:うん、楽しみ、もう10回目よ。

男性:そんなに行って、いつも何するの。

女性:そうね。夏なら泳ぐんだけど、今はまだ寒いから、一番の楽しみは、珍しいものを
　　　食べることかな。

男性:うん、有名な庭とか、建物とかも見に行くの。

女性:そういうのは、もうほとんど見ちゃったから。

男性:いいな、お土産買ってきてよね。

女性:買い物の時間があったらね。

◆**女の人は今度何をしに旅行に行きますか。**

　1.泳ぎに行きます。

　2.珍しいものを食べに行きます。

　3.有名な庭や建物を見に行きます。

　4.買い物をしに行きます。

译文:

男人和女人在说话。女人这次什么目的去旅行?

男：佐藤，你这次的休假是去冲绳旅行吧？

女：是的，盼望着，已经第十次了。

男：去了那么多次？都去做什么？

女：嗯，夏天的话就游泳，但是现在冷，所以最大的乐趣就是吃奇珍异味。

男：也去看有名的庭院、建筑吗？

女：那些几乎都看了。

男：真好啊！你带些土特产回来。

女：如果有时间的话。

◆女人这次什么目的去旅行？

   1. 去游泳。   2. 去吃奇珍异味。

   3. 去看有名的庭院和建筑。   4. 去买东西。

5ばん　女の人と男の人が話しています。女の人はどうして遅刻をしたと言っていますか。

女性：あ、あ、ごめんなさい。

男性：なんだよ。また遅刻。

女性：あのね、電車が来たんだけど、母から電話が来ちゃって。電車の中で携帯電話は
　　　使えないから、乗れなかったのよ。遅くなって、ごめんね。

男性：まったく。

◆女の人はどうして遅刻をしたと言っていますか。

1. 家を出るのが遅くなったからです。

2. 電車が遅れたからです。

3. 予定の電車に乗れなかったからです。

4. 駅でお母さんに会ったからです。

译文：

女人和男人在说话。女人说她为什么迟到了？

女：啊，对不起。

男：怎么回事？又迟到了。

女：电车来了，妈妈来了个电话。电车里不能用电话，所以就没能够乘车。迟到了，对不起。

男：太不像话了。

◆女人说她为什么迟到了？

1. 因为离开家晚了。

2. 因为电车来晚了。

3. 因为没乘上预定的电车。

4. 因为在车站见到了妈妈。

6ばん　男の人と女の人が図書館で話しています。女の人は今から何をすると言って

いますか。

男性:あ、降ってきた。

女性:へえ、傘持ってないな。買いに行こうかな。

男性:今帰ったら、そんなに濡れないよ。急いで帰ったら。

女性:ええ、でも、もう少し、テストの勉強をしていかないと。

男性:うん、まあ、2、3時間したら、晴れるかもしれないね。向こうの空は明るいし。

女性:そうだね。帰るときには、もう止んでるかもね。まだ降っていたら、そのときは

近くの店で買って帰ろう。

◆女の人は今から何をすると言っていますか。

　1.傘を買いに行きます。　　　　2.急いで帰ります。

　3.近くの店へ行きます。　　　　4.勉強をします。

译文:

男人和女人在图书馆说话。女人说从现在起做什么?

男:啊,下起来了。

女:呀,没带伞。去买把吧。

男:现在回去的话不会淋得那么湿。快点儿回去怎么样?

女:行。不过不再进行点儿考试的复习可不行啊。

男:是啊。再有两三个小时或许天就晴了。因为对面的天空是晴朗的。

女:是啊。要回去的时候,也许已经停了。如果还下的话,那时就在附近的店里买把伞回

　　去吧。

◆女人说从现在起做什么?

　1. 去买伞。　　　　　　　　　2. 快点儿回去。

　3. 去附近的商店。　　　　　　4. 学习。

7ばん　4人の人が話しています。来月の会議はいつになりましたか。

女性1:来月の会議ですが、今月と同じように、毎週、火曜日でよろしいですか。私はい

　　つでもいいので、皆さんで決めてください。

男性1:私は、月曜と水曜と金曜なら、いつでもいいです。

女性2:私は来月から月曜日は別の会議があるので、すみません。

男性2:私、金曜日は都合が悪いのですが。

女性1:じゃあ、決まりましたね。来月の会議は…。

◆**来月の会議はいつになりましたか。**

　1.月曜日です。　　　　　　　　2.火曜日です。

　3.水曜日です。　　　　　　　　4.金曜日です。

译文：

四个人在说话。下个月的会议在什么时候？

女1：下个月的会议和这个月一样在星期二可以吗？我什么时候都可以，大家决定吧。

男1：我周一、周三和周五什么时候都可以。

女2：我下个月起周一有别的会议，对不起。

男2：我周五不方便。

女1：那就定下来了。

◆下个月的会议在什么时候？

1. 星期一。   2. 星期二。

3. 星期三。   4. 星期五。

8ばん　男の人と女の人がデパートで話しています。二人はこの後、どこで会いますか。

男性：次は、何買うの。

女性：今度の旅行用のかばん。

男性：じゃあ、5階だね。ここは2階だから、エレベーターで行く？

女性：でも、その前に、4階で、ハンカチを買いたい。

男性：分かった。じゃあ、僕も3階をちょっと見て行くよ。5階のエスカレーターの前で

　　　会おう。

女性：エスカレーターは、確か、三つぐらいあるから、分かりにくいわ。あなた先行っ

84

て、いいかばん探してて、後から行くから。

男性:分かった。

◆二人はこの後、どこで会いますか。

   1.5 階のエレベーターの前です。   2.5 階のエスカレーターの前です。

   3.ハンカチ売り場です。   4.かばん売り場です。

译文:

男人和女人在百货商店说话。二人其后在哪儿见面?

男:下一个买什么?

女:这次旅行用的包。

男:在 5 楼。这里是 2 楼,坐升降梯去吧。

女:但是,在此之前我想在 4 楼买手绢。

男:好的。那我也到 3 楼去看看。咱们在 5 楼的扶梯前见面吧。

女:扶梯大概有三个,不好找。你先去找一下合适的包。我随后就去。

男:好的。

◆二人其后在哪儿见面?

  1.五楼升降梯前。   2.五楼扶梯前。

  3.手绢卖场。   4.箱包卖场。

9ばん　女の人と男の人が話しています。男の人はどうして花を持っていましたか。

女性：あれ、山本君、どうしたの。そんなにたくさんのお花。山本君がお花なんて、珍しい。

男性：今から病院に行くところなんだ。

女性：あれ、誰か病気なの?

男性：彼女が怪我で入院していたんだ。でも、やっと、家に帰れることになって。

女性：そうだったの。

◆ **男の人はどうして花を持っていましたか。**

　1. 彼女が怪我をして、入院するからです。

　2. 彼女が怪我が治って、退院するからです。

　3. 彼女が病気になって、入院するからです。

　4. 彼女が病気が治って、退院するからです。

译文：

女人和男人在说话。男人为什么拿着花?

女：哎呀，山本! 怎么了? 拿着那么多的花。山本你喜欢花,可真少见呀。

男：现在要去医院。

女：哎呀,谁病了?

男：女友受伤住院了。不过终于要回家了。

女：原来如此。

◆男人为什么拿着花？

　1. 因为女友受伤住院了。

　2. 因为女友伤好了要出院了。

　3. 因为女友生病要住院。

　4. 因为女友病好了要出院。

10ばん　先生が生徒に旅行の予定を説明しています。いつ、学校に戻ってくる予定ですか。

先生:皆さん、明日とあさっての予定を説明します。まず、朝出発して、山の半分まで登って、そこで泊まります。それから、次の日の昼ごろ、一番上まで登ります。そして、その日の夕方、学校に戻ってきますね。分かりましたか。

◆いつ、学校に戻ってくる予定ですか。

　1. 明日の昼ごろです。　　　　　2. 明日の夕方です。

　3. あさっての昼ごろです。　　　4. あさっての夕方です。

译文:

老师对学生说明旅行的安排。预计什么时候返回学校？

老师:各位同学,说明一下明天和后天的安排。首先,早上出发,攀登到半山腰,在那里住下。然后,第二天中午攀登到最上面。并且当天晚上返回学校。明白了吗?

◆预计什么时候返回学校？

　　1.明天中午。　　　　　　　　2.明天傍晚。

　　3.后天中午。　　　　　　　　4.后天傍晚。

11ばん　男の人と女の人が話しています。男の人は何をすることになりましたか。

男性：もう、こんな時間か。今日はもうこれで帰ろうか。

女性：うん、もう、疲れたね。じゃあ、コーヒーカップ、洗ってきてくれる。私は、机の上

　　　を片付けて、窓を閉めるから。

男性：分かった。あ、カーテンも閉めてね。

女性：はい。

◆**男の人は何をすることになりましたか。**

　　1.窓を閉めます。　　　　　　2.コーヒーカップを洗います。

　　3.カーテンを閉めます。　　　　4.机の上を片付けます。

译文：

男人和女人在说话。男人要做什么？

男：已经这么晚了？今天就到此回去吧。

女：好的。已经很疲劳了。那你把咖啡杯洗一下。我收拾一下桌子、关窗户。

男：好的。啊，把窗帘也拉上。

女：好的。

◆男人要做什么？

1.关窗户。   2.洗咖啡杯。

3.拉窗帘。   4.收拾桌子。

読解・文法

問題 I

1	2	3	4	5	6	7	8
3	4	4	2	3	4	1	2

9	10	11	12	13	14	15
1	3	4	2	4	1	3

問題 II

16	17	18	19	20	21	22	23
1	2	2	1	4	1	3	4

24	25	26	27	28	29	30
3	1	2	2	1	2	3

問題 III

31	32	33	34	35	36	37	38
1	3	2	4	3	1	4	3

問題 IV

39	40	41	42	43
3	1	3	2	2

問題 V

44	45	46	47
2	1	4	4

問題 VI

48	49	50
1	4	2

解析

問題 I

1 答案：3

「に」表示对象，「友だち」是动词「見せた」的对象。

▶ 全句翻译：我让朋友看了山的照片。

2 答案：4

这里的「の」是主格助词，相当于助词「が」的用法。

▶ 全句翻译：田中来的日子是星期二。

3 答案：4

这里的「します」是自动词，接在助词「が」的后面，前面接续表示声音、味道、感觉等词，表示自然传来某种声音、味道或有某种感觉。

▶ 全句翻译：从厨房传来了香味。

4 答案：2

「までに」后面的动词要求是瞬间性的动词，意思是"在……之前做……"。「まで」后面要求是持续性的动词，意思是"到……为止，一直……"。

91

▶ 全句翻译:这个作业 10 号前提交。

5 答案:3

这里的「と」表示「言っていました」的内容。

▶ 全句翻译:山下说:"再给你电话。"

6 答案:4

「にします」意思是"我要什么""把……弄成……"。

▶ 全句翻译:A:吃什么?

　　　　　　B:我要天妇罗面。

7 答案:1

「ばかり」在这里的意思是"光,净"。

▶ 全句翻译:儿子每天净玩,不学习。

8 答案:2

「の」表示疑问。

▶ 全句翻译:阿杨什么时候回国?

9 答案:1

这句话是被动句,要注意后面的动词「読まれています」。

▶ 全句翻译:最近日本的漫画风靡各国。

10 答案:3

这句话使用了表示比较的句型「…より…ほうが…」。

▶ 全句翻译:弟弟比哥哥个头高。

11 答案:4

「か」表示选择。

▶ 全句翻译:这道菜使用牛肉或猪肉。

12 答案:2

这里的「が」表示顺态连接,没有具体意思。

▶ 全句翻译:我叫田中,我要找山下。

13 答案:4

「に近い」表示"距什么地方近"的意思。

▶ 全句翻译:那个公寓离车站近。

14 答案:1

动词「飛ぶ」要求前面的场所使用「を」,表示动作进行的场所。

▶ 全句翻译:飞机在天空上自东向西飞去。

15 答案:3

「か」表示疑问。

▶ 全句翻译:你知道谁写的这本书吗?

問題 Ⅱ

16 答案:1

「ないほうがいい」构成句型,意思是"最好不要……",所以应该选择1。

▶ 全句翻译:发高烧时,最好不要勉强。

17 答案:2

「动词连用形＋方」,表示方式、方法。所以应该选择2。

▶ 全句翻译:课堂上学习了信的写法。

18 答案:2

「たがる」用动词连用形接续,所以应该选择2。

▶ 　全句翻译:我家孩子想要听恐怖故事。

19 答案:1

「らしい」用动词终止形接续,这句话的时间是"来年",所以应该选择1。

▶ 　全句翻译:听说二人来年结婚。

20 答案:4

「ても」意思"即使……也……",所以应该选择2。

▶ 　全句翻译:那个美术馆什么时候去人都多。

21 答案:1

「ために」用动词连体形接续,这句话的时间是「しょうらい」,所以应该选择1。

▶ 　全句翻译:为了将来当老师而学习着。

22 答案:3

这句话用的是敬语,「いらっしゃいません」是「いません」的尊他敬语,所以这里应该

选择1。

▶ 　全句翻译:哪位有疑问?

[23] 答案：4

根据句子的前后意思，这里应当选择 4。

▶ 全句翻译：那个花不到 5 月不开放。

[24] 答案：3

这里是"使役＋被动"的用法，表示被迫的意思，所以正确答案应该是 4。

▶ 全句翻译：肚子疼，去了医院，结果等了一个小时。

[25] 答案：1

名词要直接接续「なら」，所以应当选择 1。

▶ 全句翻译：明天如果下雨的话就不洗衣服了。

[26] 答案：2

形容词接续「ようです」用连体形，所以应该选择 2。

▶ 全句翻译：外面好像冷。

[27] 答案：2

动词意志形后续「と思っています」构成句型，意思是"想要……"，所以这里应当选择 2。

▶ 全句翻译：下个月想要登富士山。

28 答案:1

助词「に」限定了必需选择 1,「ずに」表示不做前项就做后项。

▶ 全句翻译:你不用字典能看懂报纸吗？

29 答案:2

「ように」表示目的,前面接续表示可能的动词,所以这里应当选择 2。

▶ 全句翻译:为了能说好,练习了多次。

30 答案:3

「ので」要用用言连体形接续,「きけん」是形容动词,所以这里应当选择 1。

▶ 全句翻译:因为危险,所以请不要触摸那个机器。

問題 Ⅲ

31 答案:1

「ドア」后面用的是助词「が」,要求后面的动词是自动词,所以应当选择 1。

▶ 全句翻译:推这里,门就开了。

32 答案:3

「こう」是指示副词,与「やって」相呼应使用,意思是"这样做",所以应当选择3。

▶ 全句翻译:这个游戏这样玩。

33 答案:2

「てみる」是补助动词,意思是尝试做某事,所以这里应当选择2。

▶ 全句翻译:客人:"请问,这个帽子可以戴一下吗?"

34 答案:4

「たまま」表示保持前项动作或状态不变,就进行后项动作,所以这里应当选择4。

▶ 全句翻译:穿着鞋进了房间。

35 答案:3

动词终止形与「といいです」构成句型,表示愿望,所以正确答案是3。

▶ 全句翻译:希望病早日康复。

36 答案:1

「お帰りになりました」是「帰る」的尊他敬语形式,其他选项的敬语形式不恰当,所以这里应当选择3。

▶ 全句翻译:老师已经回去了。

[37] 答案:4

这里的「どれも」可以理解为「どれもいいですから」的省略,意思是"哪一个都可以"。

▶ 全句翻译:从菜单里任选一个你喜欢的东西。

[38] 答案:3

这句话的动词应当用自谦形式,而符合条件并使用得恰当的只有选项3。

▶ 全句翻译:关于那个工作由我进行说明。

問題 IV

[39] 答案:3

选项1的意思是:行吗?喝吗?选项2的意思是:是的。喝吧。

选项3的意思是:好啊。去吧。选项4的意思是:是呀。去吗?

根据A的话,恰当的回答应该是选项3。

▶ 全句翻译:A "去喝点儿咖啡怎么样?"

　　　　　　 B "好啊。去吧。"

[40] 答案:1

选项1的意思是:嗯,不知道是谁的。选项2的意思是:嗯,不知道是不是书。

选项 3 的意思是:不,这不是英语书。选项 4 的意思是:不,这不是谁的。

根据 A 的话,恰当的回答应该是选项 1。

▶ 全句翻译:A "那本书是谁的?"

           B "嗯,不知道是谁的。"

41 答案:3

选项 1 的意思是:上周。选项 2 的意思是:21 岁。

选项 3 的意思是:两周。选项 4 的意思是:11 月 18 日。

根据 A 的话,恰当的回答应该是选项 3。

▶ 全句翻译:A "来日本多长时间了?"

           B "两周。"

42 答案:2

选项 1 的意思是:请你借一下。选项 2 的意思是:借给你吧。

选项 3 的意思是:借给我吧。选项 4 的意思是:请借给我吧。

根据 A 的话,恰当的回答应该是选项 2。

▶ 全句翻译:A "你有橡皮吗?"

           B "嗯,有。借给你吧。"

43 答案:2

选项 1 的意思是:嗯,真冷啊。选项 2 的意思是:嗯,我想肯定冷。

选项 3 的意思是:啊,明天不冷吧。选项 4 的意思是:的确。很冷啊。

根据 A 的话,恰当的回答应该是选项 2。

▶ 全句翻译:A "今天真冷。明天是不是也冷?"

　　　　　　　　B "嗯,我想肯定冷。"

问题 V

全文翻译:

佐藤　"听说从这个月起工作时间提前了。"

铃木　"是的。不过,早上工作的时间来不及……"

佐藤　"什么? 来不及?"

铃木　"买了表,但是起不来。"

佐藤　"什么样的表?"

铃木　"发出大声的表。在床边放了四个。"

佐藤　"放了四个?! 一起发出声音的话,声音很大啊。"

铃木　"是的。妹妹生气地说'声音吵,烦人!'我也听见了声音,但是马上关掉又睡了。"

佐藤　"是吗。"

铃木　"妹妹发火也行,我想早起。怎么办才好呢?"

佐藤　"是啊。首先,让表在想起床时间之前发出声音。比方说,6 点想起床的话,就调到

　　　　5 点 50 分。"

铃木　"提前 10 分钟啊。"

佐藤　"是的。然后,把表放在各处。四个表全部在不同的地方的话,为了关掉声音就得

　　　　起床。"

铃木　"的确。好的。我马上试试看。"

44 答案:2

此题解题的要点是铃木说的话「朝仕事の時間に間に合わなくて…。」和佐藤说的「ふ

ーん、どんな時計?」,抓住这两句话,就知道答案是什么了。四个选项的意思分别是:

1 因为买了表,所以没问题;2 买了表,但是起不来;3 因为没有钱,所以买不起表;4 去

了商店,但是没有表。

45 答案:1

注意这句话的动词「おこられました」,意思是"被发怒了",所以就应该选对答案。四

个选项的意思分别是:1 声音吵,烦人;2 声音小听不见;3 怎么也起不来;4 把时间再

提早些。

46 答案:4

这道题解题的要点是「たとえば、6 時に起きたかったら 5 時 50 分に。」和铃木应答的

话「10 分前ですね。」,由此就可得知答案该选什么了。四个选项的意思分别是:1 只

使用声音大的;2 使用时间容易看的;3 每个在不同的时间发出声音;4 在想起床时间

之前发出声音。

47 答案:4

铃木最后的话是解题的关键,应该选择 4。

問題 Ⅵ

全文翻译:

　　最近能和狗、猫等宠物一起居住的公寓在增加。10 年前,在这个城市能和宠物一起

居住的公寓几乎没有,但是去年占全部公寓的一半以上。并且据说现在还在继续增加。

　　上个月花田和他的妻子搬进了这座城市的公寓。搬家后,和两只狗一起居住。花田

65 岁,辞了工作后没了精神头,但是据说和狗呆在一起心情变得开朗了。妻子身体变得

结实了。搬家前腿不好,几乎呆在家里,但是现在每天和狗一起散步。二人说:即使有不

高兴的事,但是一看见可爱的两只狗心情就舒缓了,每天能够愉快地生活。

　　我在此之前未曾想要过宠物。宠物每天照顾它很麻烦。既得照顾吃饭、上厕所,生病

的时候还得带它去医院。不过,听了花田的话,我也想和宠物居住在一起了。

48 答案:1

四个选项的意思分别是:1 现在能和宠物一起居住的公寓多。2 现在不能和宠物一起

居住的公寓多。3 现在几乎所有的公寓都不能和宠物一起居住。4 现在不管什么样

的公寓都能够和宠物一起居住。「去年はぜんぶのアパートの半分以上になりました。そして、今もふえ続けているそうです。」是解题的关键。

49 答案：4

四个选项的意思分别是：1 因为辞了工作，所以生活变得愉快了。2 腿不好，几乎呆在家里。3 从 10 年前起和两只狗居住在一起。4 搬到这座城市后比以前健康了。「おくさんは体がじょうぶになりました。」是解题的关键。

50 答案：2

通过文章的前后意思可以看出答案应当选择 2。四个选项的意思分别是：1 因为宠物的照顾比 10 年前简单了。2 因为和宠物一起生活似乎很愉快。3 因为能和宠物一起居住的公寓最近增加了。4 因为宠物需要照顾它吃饭和上厕所。